AF875614

Sitzungsberichte der Akademie
der Wissenschaften der DDR

Jahrgang 1974 · Nr. 5

Jürgen Kuczynski

Prolegomena zu einer Geschichte der Wissenschaft

AKADEMIE-VERLAG · BERLIN
1974

Vortrag von Jürgen Kuczynski,
Ordentliches Mitglied der Akademie
der Wissenschaften der DDR,
gehalten anläßlich der
„Karl-Marx-Vorlesung“ am 9. Mai 1974

Herausgegeben im Auftrage
des Präsidenten der Akademie
der Wissenschaften der DDR
von Vizepräsident Prof. Dr. Heinrich Scheel

Erschienen im Akademie-Verlag, 108 Berlin, Leipziger Straße 3—4
© Akademie-Verlag, Berlin, 1974
Lizenznummer: 202 · 100/308/74
Gesamtherstellung: VEB Druckhaus Köthen
Bestellnummer: 752 739 5 (2010/74/5) · LSV 0155
Printed in GDR
EVP 2,— M

Inhaltsverzeichnis

Sitzungsberichte der AdW der DDR, 5/1974

Prolegomena zu einer Geschichte der Wissenschaft

Schon über 2500 Jahre alt ist die Wissenschaft im engeren Sinne, die Wissenschaft als Suche nach notwendigen Zusammenhängen, nach Gesetzen, zunächst in der Natur und später in der Gesellschaft. Doch noch gibt es keine einer solchen Benennung würdige geschriebene Geschichte der Wissenschaft.

Konnte es auch nicht geben, bevor Karl Marx, dessen Name die heutige Vorlesung trägt, die Grundlagen auch für ein solches Unternehmen in seinem gewaltigen philosophischen Gedankenwerk gelegt hatte.

Spät, mag man meinen, erhebt sich die Eule der Minerva zu ihrem Fluge. Aber nicht, weil sie die Dämmerung liebt wie ihre Urgestalt in der Natur, auch nicht, wie Hegel meinte, weil sie nur erwacht, wenn die Gestalt der Gesellschaft alt geworden. Sie setzt so spät erst zum Fluge an, weil sie so lange auf die Morgenröte des Marxismus warten mußte.

Und so entspricht es andererseits auch durchaus den Gesetzen der Entwicklung, daß kaum ein Dutzend Jahre nach der Großen Sozialistischen Oktoberrevolution sowjetische Wissenschaftler auf dem zweiten Internationalen Kongreß für die Geschichte von Wissenschaft und Technologie, der vom 29. Juni bis 3. Juli 1931 in London stattfand, den ersten großen internationalen Durchbruch zum wahrlich einsichtigen und tiefer schürfenden Studium der Geschichte der Wissenschaft erzielten — aufbauend auf den Grundlehren von Marx.

Und so ist es auch wahrlich zeitgemäß, daß im 25. Jahre unserer Deutschen Demokratischen Republik in unserem sozialistischen Staate eine Reihe von Wissenschaftlern über die Erfordernisse einer wissenschaftlichen Geschichte ihrer Tätigkeit nachdenken, um in Gemeinschaft mit den Marxisten in aller Welt die Menschheit auch auf diesem Gebiet vorwärts zu bringen.

Die folgenden Überlegungen und Ausführungen mögen als ein Beitrag zu diesen Bemühungen betrachtet werden.

1. Bausteine der Erkenntnis

Die Geschichte der Wissenschaft ist die Geschichte des Fortschritts in der Erkenntnis von Natur und Gesellschaft sowie deren wechselseitiger Beziehungen. Im Gegensatz etwa zur Geschichte der Kunst läßt sich der Fortschritt in der Wissenschaft exakt erkennen — wir sprechen von dem wachsenden Umfang und der zunehmenden Tiefe unserer Erkenntnisse, die beide durch die logische Interpretation und die ihr folgende Meisterung von Natur und Gesellschaft bestätigt werden.

Fast von Anbeginn ihrer Tätigkeit haben die Wissenschaftler, gewissermaßen um sich auszuweisen, auf das Neue, das sie an Erkenntnis gewonnen zu haben glaubten, hingewiesen, zumeist auch auf Vorgänger, die sie übertroffen, die sie richtig gestellt, von denen sie sich distanziert haben, hindeutend.

Bisweilen entstanden auf diesem Wege auch ganze Geschichten der Entwicklung von Erkenntnissen — man denke etwa an Goethes „Materialien zur Geschichte der Farbenlehre".

Wenn also die Darstellung der Geschichte der Wissenschaft ausschließlich erforderte, den Fortschritt der Erkenntnisse in die Breite und die Tiefe zu untersuchen, dann hätten wir überreichlich Material, um eine solche Geschichte zu schreiben. Zwar könnten wir dabei nicht einfach die subjektiven Urteile der einzelnen Wissenschaftler über die Originalität, Richtigkeit und Größe ihrer wissenschaftlichen Leistung übernehmen. Aber unsere Übersicht ist heute groß genug, um für die Zeit von Anbeginn bis, sagen wir, ein halbes Jahrhundert zurück, ein ausgewogenes Urteil als Marxisten abgeben zu können.

Eine Geschichte der Wissenschaft zu schreiben, verlangt jedoch weit mehr als ein solches Aneinanderreihen von Bausteinen der Erkenntnis.

2. Ursachen der Erkenntnis

Schon in sehr frühen Zeiten, sowohl in der europäischen Antike wie auch im alten China, hatten gebildete Menschen bisweilen das Gefühl besonderer Blüte oder des Stillstands oder gar des Rückgangs wissenschaftlicher Tätigkeit. Und auch über die Ursachen solcher Veränderungen im Stande der Wissenschaft hatten sie nachgedacht. Schienen sie zunächst mit dem Charakter der Herrscher, mit Kriegen und Frieden zusammenzuhängen, so fand man später auch Beziehungen etwa zur Blüte des Handels und der Produktion oder zu deren Niedergang. Jedoch waren das alles äußere Beziehungen der Gunst und Ungunst — so wie etwa das Wetter den Pflanzenwuchs begünstigt oder hemmt.

Da aber all' solche Faktoren in der Tat eine Rolle spielten, wäre es falsch, sich über solche Erklärungen als oberflächlich hinwegzusetzen und sie nicht in eine Geschichte der Wissenschaft mit aufzunehmen.

Doch natürlich müssen wir weit tiefer schürfen, um die wichtigsten Ursachen für die Entwicklung der Wissenschaft aufzuspüren.

Wenn Goethe dachte, daß ein ausgedehnter Handel mit anderen Ländern der Entwicklung der Wissenschaft günstig sei, dann meinte er das, weil sich mit der Kenntnis anderer Länder, Sitten und Gedanken der Blick und die Interessen den Menschen weiteten.

Wenn wir den Handel und mit ihm die Schiffahrt als wissenschaftsfördernd betrachten, dann doch vor allem, weil Handel und Schiffahrt sehr bestimmte Bedürfnisse nach der Entwicklung der Wissenschaft äußern — und Wissenschaftler wie Thales als Mathematiker und Herodot als Geograph, oder zur Zeit der englischen Renaissance die Mathematiker John Dee und sein Freund und Schüler Thomas Digges diese Bedürfnisse auch zu befriedigen suchten.

Marx hat einen engen Zusammenhang zwischen der Entwicklung der altägyptischen Astronomie und der vom Wasserstand des Nildeltas abhängigen Landwirtschaft gesehen. Er hat ausdrücklich auf die Bedeutung der Wissenschaft als Produktivkraft hingewiesen.

Das heißt, allgemein gesprochen: die Entwicklung der Wissenschaft hängt entscheidend von den Ansprüchen der Praxis des gesellschaftlichen Lebens ab. Ein Historiker der Wissenschaft hat darum, nachdem er die erste Aufgabe, die Ansammlung von Materialien zur Darstellung des Wachstums der Erkenntnisse, erfüllt hat, als zweite Aufgabe, die Ursachen des Wachstums zu untersuchen, in erster Linie die Anforderungen der Praxis des gesellschaftlichen Lebens.

Dabei wird er etwa auf die interessante Tatsache stoßen, daß, da die vorkapitalistischen Gesellschaftsordnungen hinsichtlich der Entwicklung der Produktivkräfte, wie Marx und Engels es nennen, konservativ waren und entsprechend nur wenige drängende und präzise Bedürfnisse äußerten, erst im Kapitalismus die Wissenschaft als Produktivkraft umfassendere Bedeutung erlangte. Marx hat sich mit den gesellschaftlichen Ursachen der Entwicklung der Wissenschaft vor allem im Zusammenhang mit der Gestaltung der materiellen Produktion und Reproduktion beschäftigt. Und diese ist in der Tat die entscheidende Ursache für die Entwicklung der Wissenschaft.

In der Frühgeschichte der Menschheit, als noch kein Mehrprodukt erzeugt wurde, als noch kein Arbeitsfähiger von der Tätigkeit in der materiellen Produktion freigestellt werden konnte, da konnte natürlich noch keine Wissenschaft betrieben werden. Erst als die Erfahrung reich genug geworden, um die Produktivität so zu heben, daß ein Mehrprodukt erzeugt wurde, das groß genug war, um einer Minderheit zu erlauben, anderen Tätigkeiten als der Produktion nachzugehen, entstand im Laufe der Zeit auch die Wissenschaft.

Damit aber wurde ein Element in der Geschichte der Menschheit entwickelt, das nun wieder dialektisch rückwirkend auch die Produktivität steigerte. Da es aber nicht gelang, Produktionsverhältnisse zu schaffen, die auf die Dauer den wachsenden Produktivkräften entsprachen, mußten mit der, unter anderem auch durch die Wissenschaft, immer stärkeren Förderung der Produktivkräfte in immer kürzeren Abständen neue Gesellschaftsordnungen geschaffen werden.

Die Zeit des Feudalismus etwa dauerte kürzer als die der Sklaverei und die Zeit des Kapitalismus weit kürzer als die des Feudalismus.

So sehen wir, wie die Geschichte der Wissenschaft gleichzeitig eine Geschichte der steigenden Ansprüche der materiellen Produktion an die Wissenschaft — Ursachen der Wissenschaftsentwicklung — und auch eine Geschichte der Wirkungen der Wissenschaftsentwicklung auf die Produktivkräfte, der Wissenschaft als Produktivkraft sein muß.

Jedoch wäre es völlig ungenügend, die Wissenschaft allein als Produktivkraft, und so aus den Bedürfnissen der Praxis der materiellen Produktion erwachsend, zu betrachten.

Es gibt noch eine zweite Hauptursache der Entwicklung der Wissenschaft, und das ist die gesellschaftliche Herrschaftspraxis.

Es ist doch nicht so, daß die Menschen, die durch die Schaffung eines Mehrprodukts von der Arbeit in der materiellen Produktion freigestellt wurden, sich nun voller Eifer der Kunst oder Wissenschaft widmeten. Ihr Hauptgeschäft war doch die immer effektivere Gestaltung der Ausbeutung und deren Sicherung durch entsprechende Herrschaftsverhältnisse: durch die Herausbildung eines Staates mit entsprechender Bürokratie, durch die Schaffung von propagandistischen Institutionen und militärischen Einrichtungen, und manches andere mehr.

All diese neuen gesellschaftlichen Erscheinungen begannen ebenfalls Anforderungen an die Wissenschaft zu stellen. Verwaltungs- und Rechtslehre, Kriegsstrategie und Geschichtswissenschaft, Theologie und Moralwissenschaft entstanden auf Anforderung der gesellschaftlichen Herrschaftspraxis, und so wurde die Wissenschaft (wie die gesamte Ideologie) auch zu einer Herrschaftskraft — allgemein gesprochen, wobei in den Ausbeutergesellschaften die Herrschaftskraft den spezifischen Charakter der Unterdrückungskraft annimmt und die Wissenschaft in den Niedergangszeiten vielfach zur reinen Apologetik entartet, während sie in der klassenlosen Gesellschaft des Kommunismus als Ordnungskraft der Gesellschaft wirkt.

Produktivkraft und Herrschaftskraft zu sein — das sind bis heute die beiden Hauptfunktionen der Wissenschaft, so wie die Bedürfnisse der materiellen Produktion und der Herrschaft einer oder mehrerer Klassen die Hauptursachen für die Entwicklung der Wissenschaft sind.

Setzen wir nun die zweite Aufgabe des Wissenschaftshistorikers zur ersten in Beziehung, dann erkennen wir, daß erst die Erfüllung der zweiten Aufgabe eine sinnvolle Deutung dessen, was die Erfüllung der ersten Aufgabe gebracht hat, ermöglicht. Erst wenn wir die laufende Gestaltung der Ursachen der wissenschaftlichen Entwicklung untersucht haben, die wechselnde Intensität und Verschiedenartigkeit der Forderungen der gesellschaftlichen Praxis, sei es der materiellen Produktion oder der Herrschaft, sei es an die Wissenschaft als Produktivkraft oder als Herrschaftskraft, erst dann werden wir verstehen, warum die wissenschaftlichen Erkenntnisse gerade auf diesem oder auf jenem Gebiet schneller zunahmen oder langsamer wuchsen, auch warum es Zeiten besonderer Blüte, sei es der Naturwissenschaften, sei es der Gesellschaftswissenschaften, gab, warum vielleicht auch die einen länger stagnierten als die anderen, kurz wie die Bewegungen von Ebbe und Flut, von Stagnation und Sturm in der Geschichte der Wissenschaft zu erklären sind.

So wird aus der Darstellung der Geschichte der Wissenschaft zugleich auch eine Darstellung der Wissenschaft in der Geschichte. So erkennen wir auch und können schildern, wie die Wissenschaft gleich einem Baum wächst, immer stärker werdend und höher ragend, reicher an Überblick und Kraft des Schauens, den Sternen zustrebend und immer tiefer in die Erde dringend — und zugleich auch einer Kriechpflanze ähnelnd, die die ganze Fläche des gesellschaftlichen Lebens durchdringt, da alle Breiten und Ebenen, sei es die Landwirtschaft, die Industrie oder der Verkehr, sei es der Staat, die Ideologie oder die private Sphäre des Familienlebens nach ihr rufen.

So erkennen wir auch, wie die Wissenschaft als Element aller Sphären der Gesellschaft — der Produktivkräfte, der Produktionsverhältnisse und auch des Überbaus — heranwächst. Der Wissenschaftler lebt und wirkt als Teil der Gesellschaft und seine Arbeit ist mit der Arbeit aller Mitglieder der Gesellschaft dialektisch verbunden.

Man mag dazu bemerken, daß die Wissenschaft auch eine Eigenbewegung hat, sich streckenweise aus Eigenem, ohne gesellschaftlichen Anstoß weiterentwickeln kann. Das ist natürlich richtig. Die Einsamkeit, die Wilhelm von Humboldt für den Wissenschaftler fordert, damit er zeitweise ungestört nachdenken kann, sei es, um gesellschaftliche Faktenmaterialien in Probleme zu verwandeln, sei es, um gereifte Probleme zu lösen, sei es, um logisch, ohne „Anstoß von Außen" weiterzudenken, logisch weiter zu arbeiten, ist durchaus notwendig für den wissenschaftlichen Fortschritt. Jedoch schrumpft und erstarrt der Wissenschaftler, genau wie jeder andere Mensch, wie der einsam Trauernde, wie der der Umwelt entrückte Träumer, wenn er zu lange in Einsamkeit verharrt und nicht zur Gesellschaft zurückkehrt, in das tätige Allgemeinleben, das allein ihm auf die Dauer Lebens- und Schaffenskraft geben kann.

3. Die Methodologie des Erkennens

Marx und Engels haben die Methodologie des Erkennens, die Methodologie des dialektischen und historischen Materialismus als System geschaffen. Wir

Marxisten sagen mit Recht, daß der dialektische und historische Materialismus die einzig mögliche, die einzig fruchtbare Methodologie zur Gewinnung von Erkenntnissen ist. Und wir haben auch den überzeugenden Beweis für diese unsere Behauptung: nur die Methodologie des dialektischen und historischen Materialismus ermöglicht eine Erklärung der Entwicklung von Natur und Gesellschaft, der Geschichte der Vergangenheit, der Begebnisse der Gegenwart und der Gestaltung der Zukunft. Keine Erkenntnis von Bewegungen und Zusammenhängen in Natur und Gesellschaft, sagen wir, ohne Anwendung der Methodologie des dialektischen und historischen Materialismus.

Nun haben aber zweifellos Jahrtausende hindurch vor Marx und Engels Wissenschaftler großartige Erkenntnisse von Natur und Gesellschaft erlangt. Niemand wird die gewaltigen Erkenntnisse auf dem Gebiet der Naturwissenschaften, die kluge und wissenschaftlich richtige Erfassung zahlreicher gesellschaftlicher Realitäten vor Marx und Engels leugnen. Euklids und Newtons Lehren, das römische Rechtssystem und die Arbeitswerttheorie Ricardos sind vormarxistische Erkenntnisse von größter wissenschaftlicher Bedeutung. Wie konnte es zu diesen Erkenntnissen kommen?

Doch offenbar nur dadurch, daß die Wissenschaftler zumindest Elemente der Methodologie des dialektischen und historischen Materialismus anwandten.

Wenn es richtig ist, daß die Realität sich dialektisch bewegende Materie ist, dann sind Erkenntnisse der Realität nur möglich, wenn man die Realität als Materie sieht oder als sich dialektisch bewegend erkennt oder gar als dialektisch sich bewegende Materie nimmt. Andernfalls wäre es unmöglich gewesen, die Erkenntnisse, die in den letzten 2500 Jahren gewonnen wurden, zu erzielen.

Es scheint mir, soweit ich die Geschichte der Wissenschaft überblicken kann, nicht möglich zu entscheiden, ob die mechanistischen Materialisten oder die dialektischen Idealisten die größeren Erfolge als Wissenschaftler gehabt haben. Sicherlich waren die deutschen dialektischen Idealisten Kant und Hegel größere Philosophen als die mechanistischen Materialisten D'Holbach und Helvetius, aber mit gleicher Sicherheit übertrafen die englischen zum Teil recht mechanistischen Materialisten der Politischen Ökonomie des Merkantilismus ihre deutsch-österreichischen dialektisch-idealistisch denkenden Kollegen wie Johann Joachim Becher und andere in der Erkenntnis der wirtschaftlichen Realität. Und ebenso zweifellos ist es, daß dialektisch denkende Materialisten in der Methodologie der Erfassung der Realität wie Feuerbach oder Ricardo weiter auf dem Wege der Erkenntnis vordringen konnten als die zuvor genannten. Das heißt nicht notwendigerweise, daß sie immer größere Denker waren. Man wird vielleicht sagen können, daß Hegel das Größte erreicht hat, was man mit der Methodologie des dialektischen Idealismus erreichen konnte, während Feuerbachs Leistungen mit Hilfe der Methodologie des dialektischen Materialismus schnell übertroffen wurden. Das heißt aber auch, daß Feuerbach weiter in der Erkenntnis gehen konnte als Hegel. Darum ist es auch nicht verwunderlich, daß Marx den Weg zu seinem System der Methodologie, ausgehend von Hegel, sodann ein Stück mit Feuerbach weiterschreitend und ihn schließlich dann weit hinter sich lassend, vollendete.

Wenn wir nun im Vorangehenden gesagt hatten, daß es die erste Aufgabe eines Historikers der Wissenschaftsentwicklung ist zu zeigen, wie jede neue Erkenntnis auf dem vorangehend Erreichten aufbaute, und daß es seine zweite Aufgabe ist, den Ursachen dieser Entwicklung nachzugehen, dann erscheint es mir als eine dritte Aufgabe, zu untersuchen, mit welchen methodologischen Mitteln der Fortschritt der Wissenschaft erzielt wurde, ob mit der Methodologie der dialektischen Erfassung, ob unter der Voraussetzung der Anerkennung der Materialität der Erscheinung bzw. ihrer entscheidenden Beeinflussung durch die materiellen Verhältnisse — etwa wenn Montesquieu die Entwicklung des Rechtssystems vom Klima, aber auch von ökonomischen Verhältnissen abhängig macht —, oder ob die Methodologie sich bewußt oder unbewußt, mehr oder weniger präzise der des dialektischen und historischen Materialismus — des dialektischen etwa bei Newton, des historischen etwa bei Mignet — annähert. Dabei darf man selbstverständlich Methodologie und Weltanschauung des Wissenschaftlers nicht verwechseln!

Untersuchen wir unsere bisherigen Bemühungen um eine Geschichte der Wissenschaft, dann können wir feststellen:

In der Erfüllung der ersten Aufgabe haben die Wissenschaftler aller Zeiten einiges geleistet, vor allem aber die Wissenschaftler der Bourgeoisie, die direkt an die großartigen Bemühungen der Renaissance und der frühen Aufklärung anknüpfen;

in der Erfüllung der zweiten Aufgabe haben wir Marxisten, den grundlegenden Hinweisen und auch detaillierten Einzeldarstellungen von Marx und Engels folgend, unsere Arbeit begonnen, an der sich seit jener schon erwähnten Wissenschaftskonferenz in London auch fortschrittliche bürgerliche Wissenschaftler beteiligen;

in der Erfüllung der dritten Aufgabe, der Untersuchung des Zusammenhanges zwischen der angewandten Methodologie — wiederum sei vor einer Verwechselung von Methodologie und Weltanschauung gewarnt! — und dem Erfolg auf dem Wege zur Erkenntnis, stehen wir jedoch noch so am Anfang, daß selbst der Ausdruck Anfang fast übertrieben klingt.

Eine Geschichte der Wissenschaft unter Ausschluß einer genauen Untersuchung der jeweils bei der Gewinnung neuer Erkenntnisse angewandten Methodologie erscheint mir so unvollständig, daß wir nicht von einer wirklich umfassenden Geschichte, daß wir wohl nur von einer verstümmelten, einer arg invaliden Geschichte sprechen können. Den Ursachen der Entwicklung der Wissenschaft in dieser oder jener Richtung auf Grund der gesellschaftlichen Verhältnisse nachzugehen, gleichzeitig aber sich nicht im mindesten um die Wege des wissenschaftlichen Fortschritts zu einer neuen Erkenntnis, nämlich um die Untersuchung der angewandten Methodologie zu kümmern, muß doch als recht borniert, recht beschränkt in der Blickweite und Neugierde erscheinen. Darum möchte ich auf das dringendste für die Aufnahme solcher Untersuchungen der angewandten Methodologie plädieren. Muß es nicht auch jeden Marxisten mit Stolz erfüllen zu sehen und zu zeigen, welch enger Zusammenhang zwischen Breite oder Tiefe der wissenschaftlichen Erkenntnis in allen Zeiten der Geschichte und dem Grad der (bewußten oder unbewußten) Annäherung an die Methodologie des dialektischen und historischen Materialismus besteht!

4. Weltanschauung und Methodologie

Es gibt Philosophen, die behaupten, daß ein untrennbarer inhaltlicher Zusammenhang zwischen Methodologie und Weltanschauung des Wissenschaftlers besteht. Faktisch ist genau das Gegenteil in der ganzen Geschichte der Wissenschaft vor Marx und Engels der Fall gewesen. Die Geschichte der Wissenschaft wäre völlig unverständlich, wenn man nicht Methodologie und Weltanschauung trennen könnte. Ist es doch auch die entscheidende Leistung von Marx und Engels, daß erst sie eine völlige Harmonie zwischen wissenschaftlicher Methodologie und Weltanschauung geschaffen haben — eine objektive Notwendigkeit für die Vertreter einer Klasse, die als solche ein fundamentales Interesse an einer wissenschaftlich begründeten Weltanschauung haben muß. Erst für den Marxisten sind Methodologie und Weltanschauung zu einer notwendigen Einheit geworden, die aber natürlich weiterhin begrifflich und auch praktisch insofern zu trennen sind, als viele marxistische Wissenschaftler auch heute noch zum Beispiel, nun drücken wir es primitiv aus, bessere Marxisten in ihrem Wirken als Methodologen, und vielleicht ebenso viele andere bessere Marxisten in ihrer Weltanschauung sind.

Viel schärfer aber ist die Trennung in der Vergangenheit gewesen — und ist sie auch heute noch unter den Wissenschaftlern der Bourgeoisie. Lenin hat auf diese scharfe Trennung, die wir zwischen Methodologie und Weltanschauung machen müssen, in einer viel zitierten Äußerung so hingewiesen: „*Keinem einzigen* dieser (bürgerlichen — J. K.) Professoren, die auf Spezialgebieten der Chemie, der Geschichte, der Physik die wertvollsten Arbeiten liefern können, *darf man auch nur ein einziges Wort glauben,* sobald er auf Philosophie zu sprechen kommt.“

Das heißt, durch Annäherung an die Methodologie des dialektischen und historischen Materialismus können auch Wissenschaftler, die eine reaktionäre, mystische oder sonstwie geartete Weltanschauung (Philosophie) haben, und denen wir kein Wort glauben dürfen, wenn sie ihre wissenschaftlichen Erkenntnisse weltanschaulich einbauen wollen, glänzende wissenschaftliche Ergebnisse erzielen. Und Lenin hat das auch dadurch unter Beweis gestellt, daß er Analysen und aufgedeckte Beziehungen innerhalb der Welt des Monopolkapitals durch Ideologen des Monopolkapitals oder liberale Vertreter der Bourgeoisie wörtlich und sie billigend etwa in sein Werk über den Imperialismus aufgenommen hat.

Ich glaube, daß eine Trennung, eine häufige Diskrepanz, eine völlige Inkongruität zwischen Methodologie und Weltanschauung geradezu charakteristisch für die Wissenschaftler, sagen wir bis an das Ende des 19. Jahrhunderts, sind. Es scheint mir über jeden Zweifel erhaben, daß die überwiegende Mehrzahl der Naturwissenschaftler bis 1900, die in ihrer Methodologie zumindest naive Materialisten waren, religiös und damit weltanschaulich Idealisten waren, an Götter oder einen Gott glaubten, der auf den verschiedensten Gebieten des gesellschaftlichen und natürlichen Lebens und erst recht nach dem Tode eingreifen kann. Materialismus in der Methodologie und Idealismus in der Weltanschauung, Dialektik der Bewegung in der Methodologie und willkürliches Eingreifen in der Weltanschauung, Suchen nach Gesetzen in Natur und Gesellschaft als Methodologie und Suchen nach Gnade in der Weltanschauung begegnen uns immer wieder in der Geschichte der Wissenschaftler.

Während nun die Weltanschauung den Wissenschaftler wohl niemals hindern konnte, durch die Anwendung einer irgendwie richtigen Methodologie zu bisweilen ganz großartigen wissenschaftlichen Resultaten zu kommen, hat die Weltanschauung dem Fortschritt der Erkenntnis zumeist doch jeweils auch bedeutende Hindernisse gesetzt. Für die Naturwissenschaften hat uns dazu Jürgen Treder als Beispiel Einsteins weltanschauliche Begünstigung gegenüber Poincaré gegeben und damit erneut den großen Vorteil der die Welt marxistisch-leninistisch anschauuenden Naturwissenschaftler aufgezeigt.

Zahlreich sind auch die Beispiele, die ich auf dem Gebiete der Gesellschaftswissenschaften geben könnte. Man denke etwa an die großartige Gruppe junger französischer Historiker in den zwanziger Jahren des 19. Jahrhunderts, an den jungen Thiers oder Thierry, an den jungen Mignet oder Guizot, die zu der Erkenntnis kamen, daß die Geschichte der Menschheit eine Geschichte von Klassenkämpfen ist. Als Ideologen der Bourgeoisie aber betrachten sie, übrigens genau wie Hegel, die Geschichte der Menschheit als ein geschlossenes System, das mit der bürgerlichen Gesellschaft und ihrem Staat das Ende seiner Entwicklung erreicht hätte, und so würden ihrer Meinung nach jetzt auch die

Klassenkämpfe aufhören. Man vergleiche diese Weltanschauung mit der des Marxismus-Leninismus, nach der zwar auch die Klassenkämpfe aufhören werden, nämlich nach der Sicherung eines sozialistischen Weltsystems, damit aber gerade erst im Grunde die Geschichte der Menschheit beginnt, da nun erst die kümmerliche Zwischenperiode, in der die Menschen zwar schon fähig waren, ein Mehrprodukt zu gewinnen, sie aber noch nicht verstanden, es zum Nutzen aller zu verteilen, überwunden ist. Die Dialektik und der Materialismus in der Methodologie reichten bei den genannten Historikern völlig aus, um die Geschichte als eine Geschichte von Klassenkämpfen zu verstehen; die Mechanik sowie die Teleologie als wichtige Elemente ihrer Weltanschauung verhinderten sie jedoch, die Erkenntnis der Vergangenheit zu einer realistischen Philosophie der Geschichte zu erhöhen.

Ein ganz ähnliches Phänomen begegnet uns auf dem Gebiete der Politischen Ökonomie bei Ricardo. Wie großartig weit ist er in der Aufdeckung der Beziehungen zwischen Arbeit und Kapital gekommen, auch in der Analyse der Konkurrenz unter den Kapitalisten und unter den Arbeitern. Wie lebendig schildert er den Kampf zwischen Kapital und Arbeit um das Produkt der Industrie. Und doch, so stark das Element der Dialektik in der Methodologie der Untersuchung, hindert ihn der teleologische Mechanismus seiner bourgeoisen Weltanschauung (genau wie Hegel und die genannten französischen Historiker) daran, eine gesellschaftliche Weiterentwicklung über die bürgerliche Gesellschaft hinaus zu sehen, und so kommt er auch zum Ehernen Lohngesetz, nach dem die Arbeiter nie mehr als das, was sie zur Aufrechterhaltung ihrer Arbeitskraft und zur Aufzucht neuer Arbeitskräfte brauchen, erhalten können. Wie anders wieder wir Marxisten, die eine Zukunft voraussehen, in der die Menschen nach ihren Bedürfnissen erhalten werden, eine Zukunft, von der wir zugleich aber sagen, daß wir heute in unserem Blick viel zu beschränkt sind, um die Bedürfnisse der Menschen auch nur in 100 Jahren, gar nicht zu reden von einer Zukunft, von der uns 1000 oder 100 000 Jahre trennen, voraussehen können.

Leicht ist es bisweilen festzustellen, inwieweit Methodologie und Weltanschauung sich entsprachen oder, was weit häufiger der Fall war, im Widerspruch zueinander standen. Viel schwerer schon, inwieweit solch Entsprechen den Weg der wissenschaftlichen Erkenntnis konkret förderte oder inwiefern ein Widerspruch den Fortschritt konkret behinderte.

Aber zweifellos scheint es mir, daß wir dem Historiker der Wissenschaft als vierte Aufgabe die Untersuchung des Verhältnisses von Methodologie und Weltanschauung stellen müssen. Dabei darf eine solche Untersuchung sich nicht auf eine Darstellung des Verhältnisses im Sinne einer Charakterisierung beschränken, sondern der Wissenschaftshistoriker hat zugleich den Einfluß der

Weltanschauung auf die Ergebnisse der wissenschaftlichen Erkenntnis, die mit einer bestimmten Methodologie erzielt wurden, zu prüfen. Bisweilen wird sich ein solcher Einfluß auch gar nicht feststellen lassen. Kann man wirklich sagen, daß die religiöse Weltanschauung Plancks einen Einfluß auf die Erkenntnis der Quantentheorie gehabt hat? und wenn, welchen? Was sich leicht für Ricardo beobachten läßt, mag unmöglich bei Newton zu bemerken sein.

5. *Weltanschauung und Anwendung der wissenschaftlichen Erkenntnisse*

Wir sprachen zuvor davon, daß wir die Wissenschaft vor allem als eine Produktivkraft und als eine Herrschaftskraft betrachten müssen. Das heißt im Grunde aber auch, daß wir die Geschichte der Wissenschaft nicht nur als eine Geschichte immer neuer Erkenntnisse, sondern auch als eine Geschichte der Anwendung dieser Erkenntnisse vor allem in der materiellen Produktion und in der Ordnung der gesellschaftlichen Herrschaftsverhältnisse sehen müssen.

Und weiter: aus den vorangehenden Überlegungen ergab sich, daß der Fortschritt der Erkenntnis von der Methodologie abhängt, während die Weltanschauung des Wissenschaftlers im Grunde nur als fördernder oder hemmender oder unter Umständen auch als neutraler Faktor auftritt — es sei denn, der Wissenschaftler betrete das Gebiet der Philosophie.

Untersuchen wir nun aber nicht die Erzielung wissenschaftlicher Erkenntnisse, sondern ihre Anwendung, das heißt die Geschichte der Wissenschaft als Realisierung ihrer Produktivkraft und ihrer Herrschaftskraft, dann beginnt die Weltanschauung eine ganz überwältigende Rolle zu spielen.

Zwar nicht in erster Linie die Weltanschauung des einzelnen Wissenschaftlers, wohl aber die Weltanschauung der gesellschaftlichen Kräfte, die sich der wissenschaftlichen Erkenntnisse als Produktivkraft oder als Herrschaftskraft bemächtigen.

Allgemein anerkannt ist heute von Marxisten und fortschrittlichen Wissenschaftlern, daß unter den gegenwärtig in der Welt herrschenden gesellschaftlichen Verhältnissen praktisch alle neuen Erkenntnisse von denen, die die Weltanschauung des Monopolkapitals vertreten, zum Schaden der Menschheit, von denen, die die Weltanschauung des Sozialismus vertreten, zum Nutzen der Menschheit angewendet werden können.

Natürlich war die Scheidung der Weltanschauungen niemals in der Geschichte so scharf und klar wie heute. Aber sie hat immer bestanden, im internationalen Maßstab der Verbreitung und Anwendung wissenschaftlicher Erkenntnisse wie im nationalen Maßstab.

Und daher scheint es mir die fünfte grundlegende Aufgabe des Historikers der Wissenschaft zu sein, die Beziehungen zwischen Weltanschauung der gesellschaftlichen Kräfte und Anwendung der wissenschaftlichen Erkenntnisse zu untersuchen.

Man glaube nicht, daß diese Untersuchung praktisch identisch sei mit der der Verursachung wissenschaftlicher Erkenntnisse durch die Bedürfnisse der Produktion und der Gestaltung der Herrschaftsverhältnisse. Denn einmal hat die Wissenschaft, oft als Nebenprodukt der von ökonomischen und Herrschaftsbedürfnissen geforderten Forschung, viele unerwartete Erkenntnisse gebracht, für die man entsprechend keine vorbedachte Verwendung hatte, und hier gilt es dann zu überprüfen, wie die Weltanschauungen gesellschaftlicher Kräfte auf diese unerwarteten Erkenntnisse reagierten, ob mit Gleichgültigkeit oder sie zum Schaden oder Nutzen der Menschheit verwendend.

Sodann begegnet uns auch in der Geschichte nicht selten der Fall, daß schon vertraute Erkenntnisse, die das Produkt von Anforderungen der ökonomischen und Herrschaftsverhältnisse einer Gesellschaftsformation bzw. einer ihrer Etappen waren, von den gesellschaftlichen Kräften der nächstfolgenden Etappe oder Formation entsprechend deren gewandelter Weltanschauung auch eine andere Verwendung fanden.

Auch folgende Problematik wird man in diesem Zusammenhang untersuchen müssen: Die Anwendung auch einer nur relativ richtigen Methodologie kann zu wissenschaftlichen Erkenntnissen führen, die weit vorprellen, den Rahmen der Weltanschauung und, was viel wichtiger ist, den Rahmen der Produktionsverhältnisse, auf denen die Weltanschauung beruht, sprengend — und so diese Erkenntnisse zur gesellschaftlichen Impotenz verurteilen. Die Dampfmaschine wurde schließlich in der Antike konstruiert — aber weder bei Heron war diese großartige wissenschaftliche Leistung mit einer Weltanschauung, die eine Gesellschaft ohne Sklaven forderte, in der sie nützlich verwandt werden konnte, verbunden, noch gab es Klassen oder Schichten der Gesellschaft, die sich ihrer mit einer solchen Forderung bemächtigten. Gerade auch heute, in der Gesellschaft des sterbenden Kapitalismus, finden wir großartige Resultate der Anwendung der Methodologie des dialektischen und historischen Materialismus — man denke dabei nicht nur an Erkenntnisse der Naturwissenschaften, sondern auch an solche der Gesellschaftswissenschaften, etwa an Herbert Marcuses zum Teil so eindringliche Analysen des Verfalls des gegenwärtigen Kapitalismus —, ohne daß diese, mangels einer entsprechenden marxistisch-leninistischen Weltanschauung des Wissenschaftlers, durch richtige Schlußfolgerungen von ihm gesellschaftlich in Richtung einer fortschrittlichen Veränderung wirksam eingesetzt werden.

Natürlich hängt der wirksame gesellschaftliche Einsatz nicht in erster Linie von dem einzelnen Wissenschaftler ab. Wie steht es aber mit dem Einsatz etwa gesellschaftswissenschaftlicher Erkenntnisse weltanschaulich nicht fortschrittlicher oder verwirrter Wissenschaftler durch allgemein fortschrittliche und spezifisch durch marxistisch-leninistisch geschulte gesellschaftliche Kräfte? Man kann nur sagen: schlecht, da diese aus wahrlich begründeter Ablehnung der Weltanschauung eines Gesellschaftswissenschaftlers wie etwa Marcuse sich scheuen, sich die wissenschaftlichen Resultate seiner Benutzung einer relativ richtigen Methodologie anzueignen — ganz im Gegensatz zur Praxis von Lenin, ganz im Gegensatz auch zu ihrer eigenen Praxis Naturwissenschaftlern gegenüber. Während natürlich kein Marxist-Leninist es ablehnen würde, die naturwissenschaftlichen Erkenntnisse eines religiösen Wissenschaftlers gesellschaftlich wirksam einzusetzen, scheut er völlig unberechtigterweise a priori davor zurück, die gesellschaftswissenschaftlichen Analysen eines weltanschaulich quasi-marxistisch oder monopolistisch bestimmten Gelehrten anzuerkennen und gesellschaftlich anzuwenden.

Wir sehen, wie außerordentlich wichtig für eine Wissenschaftsgeschichte (wie auch für unsere eigene Einsatz- und Anwendungspraxis) ein Studium der Beziehungen zwischen Weltanschauung, Methodologie und der gesellschaftlichen Anwendung der wissenschaftlichen Erkenntnisse ist.

6. *Wissenschaftstechnologie*

Unter dem Begriff der Wissenschaftstechnologie, der sicherlich durch ein besseres Wort ersetzt werden kann, möchte ich all die Momente zusammenfassen, die das Arbeiten des Wissenschaftlers, seine schöpferische Tätigkeit, erleichtern.

Wenn ich nun als sechste und letzte grundlegende Aufgabe des Historikers der Wissenschaft stelle, daß er sich mit der Geschichte der Wissenschaftstechnologie beschäftigt, dann handelt es sich um eine Aufgabe auch von allergrößter aktueller Bedeutung.

Von größter aktueller Bedeutung deswegen, weil wir in der Ausarbeitung und Praxis einer geeigneten Wissenschaftstechnologie noch so sehr weit zurück sind und das Studium der Geschichte, der Erfahrungen der Vergangenheit uns sicher weit schneller vorwärtsbringen kann, als wenn wir allein auf unser Nachdenken und unsere Erfahrungen angewiesen wären.

Natürlich können wir nicht an der Spitze einer jeden Akademie einen Plato oder Aristoteles haben, doch können wir mit weit mehr Erfolg, als wir es tun, die sokratischen Methoden und den an den Akademien Athens so intensiven Meinungsstreit üben.

Natürlich können wir weder an unserer Berliner noch an anderen Universitäten mit einem Lehrkörper, der innerhalb eines Jahrzehnts Niebuhr, Savigny, Fichte, Schleiermacher, Karl Ritter, Hufeland, Boeckh und Hegel umfaßte, rechnen — solche Konglomerationen sind Glückszeiten der Wissenschaften —, aber was wir können, ist, uns einige Grundsätze des Schöpfers der Berliner Universität, Wilhelm von Humboldts, nicht vielfach nur als Lippenbekenntnisse, sondern in der Praxis anzueignen — zum Beispiel, daß Lehre und Forschung untrennbar miteinander verbunden sein müssen, das heißt, daß der Universitätslehrer Zeit zum Forschen haben muß und daß der Akademieforscher auch lehren muß.

Natürlich können wir nicht einen wissenschaftlichen Briefwechsel von dem Niveau der Großen der Renaissance, oder wie ihn Marx und Engels, Einstein und Born hatten, von unseren Wissenschaftlern erwarten, aber ein regerer schriftlicher Gedankenaustausch, der jeden der Briefschreiber fördert, würde uns sicherlich schneller vorwärtsbringen.

Natürlich sind wir nicht in der Lage, in Eile gesellschaftliche Zusammenkünfte wie die Salons der französischen Aufklärung oder der deutschen Romantik aufleben zu lassen, aber es ist unverzeihlich, daß wir in einer sozialistischen Gesellschaft, die einmal die höchste Form kollektiven Wirkens entwickeln wird, auf diesem Gebiet so weit zurück sind.

All dies sind nur einige Beispiele der Wissenschaftstechnologie vergangener Zeiten, die, in sozialistischer Form belebt, unsere wissenschaftliche Entwicklung sichtlich fördern, das wissenschaftliche Leben verschönern und so manche Begabung, sei es auch nur die des Reparties, wecken würde.

7. *Schlußbemerkung*

Groß erscheint die Aufgabe, eine Geschichte der Wissenschaft zu schreiben — groß in so vieler Beziehung: wie umfassend muß sie die Realität des gesellschaftlichen Lebens, wie detailliert den Prozeß des Erkenntniswachstums in sich aufnehmen; welch komplizierte Beziehungen, welch erstaunliche Wechselwirkungen zwischen Basis und Überbau sowie innerhalb des letzteren, zwischen Methodologie und Weltanschauung, zwischen Weltanschauung des einzelnen Wissenschaftlers und der an den Resultaten der Wissenschaft interessierten gesellschaftlichen Kräfte hat sie aufzuzeigen und zu verfolgen! So groß und schwer aber die Aufgabe auch erscheint, so stark und schön wird diese Leistung von der Gesellschaft empfunden, so freudig eine Geschichte der Wissenschaft von ihr empfangen werden.

Ich glaube nicht, daß ich die Aufgabe des Historikers der Wissenschaft zu weit gefaßt, ihm zu viele Forschungspflichten aufgelegt habe. Doch noch viel Vorarbeit wird zu leisten sein, bevor wir an das Werk einer solchen Geschichte gehen können. Vorarbeit, die heute vor allem „Fachwissenschaftler" schaffen müssen. Wenn wir uns so in erster Linie an die „Fachwissenschaftler" wenden, um auf dem Gebiete der Wissenschaftsgeschichte vorwärts zu kommen, dann aus einem doppelten Grunde: Einmal muß jeder „Fachwissenschaftler" die

Geschichte seiner eigenen Wissenschaft kennen, um das Beste auf seinem Gebiet, nicht zum Wenigsten auch in der Anleitung und Leitung leisten zu können. Sodann aber auch, da wir nur über wenige Kräfte verfügen, die über ihre eigene Wissenschaft hinaus schon Wissenschaftsgeschichte treiben können.

Vielleicht erscheint manches, was ich gesagt habe, neu und auch praktisch nützlich. Ich hoffe, daß es so ist.

Neu aber nur in dem Sinne, daß ich diese oder jene Bemerkung in dem Werke von Marx zu einer kleinen Studie ausgebaut, diese oder jene Andeutung von Marx ausführlicher behandelt habe.

Neu also in dem Sinne, wie es einer Vorlesung zu Ehren von Karl Marx geziemt.

Bei Fragen zur Produktsicherheit wenden Sie sich bitte an:
If you have any questions regarding product safety,
please contact:

Walter de Gruyter GmbH
Genthiner Straße 13
10785 Berlin
productsafety@degruyterbrill.com